BEI GRIN MACHT SICH IHR WISSEN BEZAHLT

Franziska Letzel

Die Kulturerdteiltheorie nach Albert Kolb am Beispiel des Orientalischen Kulturerdteils

GRIN Verlag

Bibliografische Information der Deutschen Nationalbibliothek:

Die Deutsche Bibliothek verzeichnet diese Publikation in der Deutschen National-
bibliografie; detaillierte bibliografische Daten sind im Internet über http://dnb.d-
nb.de/ abrufbar.

Impressum:

Copyright © 2014 GRIN Verlag GmbH
Druck und Bindung: Books on Demand GmbH, Norderstedt Germany
ISBN: 978-3-656-67870-0

Dieses Buch bei GRIN:

http://www.grin.com/de/e-book/274794/die-kulturerdteiltheorie-nach-albert-kolb-
am-beispiel-des-orientalischen

GRIN - Your knowledge has value

Der GRIN Verlag publiziert seit 1998 wissenschaftliche Arbeiten von Studenten, Hochschullehrern und anderen Akademikern als eBook und gedrucktes Buch. Die Verlagswebsite www.grin.com ist die ideale Plattform zur Veröffentlichung von Hausarbeiten, Abschlussarbeiten, wissenschaftlichen Aufsätzen, Dissertationen und Fachbüchern.

Besuchen Sie uns im Internet:

http://www.grin.com/

http://www.facebook.com/grincom

http://www.twitter.com/grin_com

Inhalt

1. Einleitung

Die Region des Nahen Ostens und Nordafrikas ist gegenwärtig ein Raum, der international mit dauerhaft großem Interesse betrachtet wird, insbesondere durch die Zuspitzung der politischen Lage in Israel, den Bewegungen des Arabischen Frühlings und dem anhaltenden syrischen Bürgerkrieg. Vom Orient als „Pulverfass" wird in diesem Zusammenhang häufig gesprochen. Doch ist es überhaupt noch angemessen, die Region mit dem eher traditionellen Begriff „Orient" zu bezeichnen? Hier gehen die Meinungen sowohl zwischen Alltags- und Wissenschaftsdenken, als auch innerhalb der geographischen Forschung weit auseinander. Spricht man nun von Morgenland, Orient, Nahem Osten oder orientalischem Kulturerdteil? Oder ist die Bezeichnung der Region als „Islamischer Kulturerdteil" viel zutreffender? Nicht zuletzt aufgrund der anhaltenden Kontroversen um Begriffsbestimmungen und Abgrenzungen der Region erscheint es von hohem Wert, sich mit diesem geographischen Raum eingehender zu befassen. Um eine möglichst ganzheitliche Betrachtung der Region zu ermöglichen und dabei sowohl naturräumliche als auch kulturelle Elemente in den Blick zu nehmen, liegt der vorliegenden Arbeit das Konzept der Kulturerdteile zugrunde.

Erst ab Mitte des 20. Jahrhunderts begann die geographische Forschung, konkrete wissenschaftstheoretische Konstruktionen von Kulturerdteilen hervorzubringen. Dabei war der erste Geograph, welcher den Orient sowohl als physische als auch als kulturelle Ganzheit beschrieb, Ewald Banse (1909) (Hakami & Steffelbauer 2006: 17). Als zentrale „Wesenszüge" des Orients beschreibt er Wüsten, Palmen, Basare, Harem, Sklaven und Karawanen (Hakami & Steffelbauer 2006: 17). Seinem Modell folgten weitere Geographen, die sich dieser Region der Erde konkret widmeten und deren Merkmale und Besonderheiten erforschten. Für die gegenwärtige Betrachtung wohl am bedeutsamsten ist jedoch das Kulturerdteilkonzept von Albert Kolb (1962), welcher den Orient als einen von insgesamt zehn Kulturerdteilen ausweist. Unter Kulturerdteil versteht er dabei einen Raum subkontinentalen Ausmaßes, dessen Einheit auf dem individuellen Ursprung der Kultur, der einmaligen Verbindung von Natur- und Kulturelementen und einer eigenständigen geistigen und gesellschaftlichen Ordnung beruht (Hakami & Steffelbauer 2006: 18).

Was aber ist nun das Besondere am Orient als Kulturerdteil? Für welche Merkmale, Ideen und Besonderheiten steht der Kulturerdteil und was unterscheidet ihn von angrenzenden Räumen? Eben jene Fragen stehen im Fokus der vorliegenden Projektarbeit. Um deren Beantwortung zielführend zu realisieren, erfolgt zunächst eine separate Betrachtung ausgewählter Merkmalskomplexe, anhand derer die zentralen Eigenheiten des Orientalischen Kulturerdteils herausgestellt werden. Die Analyse folgt dabei dem Kulturerdteilkonzept von Albert Kolb, der insgesamt fünf Merkmalskomplexe unterscheidet, die demgemäß auch der vorliegenden Arbeit zugrunde liegen: (1) Geschichte und Kultur, (2) Raum und Umwelt, (3) Menschen und Bevölkerung, (4) Leitsystem und Religion und (5) Wirtschaft und Infrastruktur. Im Anschluss daran erfolgt die Darstellung der spezifischen Strukturqualität des Orientalischen Kulturerdteils, indem bestimmte Merkmalskomplexe miteinander verknüpft und deren Interdependenzen aufgezeigt werden. Abgerundet wird die vorliegende Arbeit durch ein abschließendes Fazit, welches die zentralen Ergebnisse der Analyse noch einmal zusammenfasst.

2.   Die fünf Merkmalskomplexe nach KOLB

2.1   Geschichte und Kultur

Die Geschichte und Kultur des orientalischen Kulturerdteils lässt sich nur schwer vereinheitlichen. Vielmehr gilt es die verschiedenen Entwicklungen zu verdeutlichen. Grundsätzlich wird der Orient jedoch als *Wiege der Zivilisation* (Hakami & Steffelbauer 2006: 9) bezeichnet, da bereits vor rund 12.000 Jahren Menschen in diesem Gebiet sesshaft wurden. Es bildeten sich erste Formen städtischer Siedlungen im damaligen Mesopotamien, welches zum Großteil dem heutigen Irak entspricht, und Ägypten. Die Bevölkerung setzte an diesen Standorten außerdem die grundlegenden Bausteine für Ackerbau und Viehzucht. (Klett Verlag 2012a)

Vor circa 6000 Jahren bildeten sich vor Ort die ersten Hochkulturen. Dies belegen archäologische Funde der Sumerer aus dem 4. Jahrtausend v. Chr. im heutigen Gebiet des südlichen Iraks. Die Sumerer galten als erste Hochkultur die ihre Bilderschrift zur Keilschrift weiterentwickelten (Abb. 1). Die sumerische Schrift stellt somit, neben den ägyptischen Hieroglyphen, die älteste Schrift dar. Grund für eine stetige Weiterentwicklung der Schrift lag insbesondere in der Absicht Gesetze und Macht festschreiben zu können. Ein weiteres Merkmal, welches eine Hochkultur definiert, liegt in der Erbauung von monumentalen Tempel- und Palastbauten sowie in den bereits vorhandenen Handelsverbindungen nach Kleinasien (z.B. Seidenstraße). Auch die Einführung von Geld, in Form von Silber, seit dem 3. Jahrtausend führte zur strukturellen und kulturellen Dynamik der Hochkulturen. Das Resultat dieser immer komplexer werdenden Wirtschafts- und Handelsverbindungen, Verwaltungsangelegenheiten und dem Ausbau städtischer Siedlungen liegt somit in der (Weiter-)Entwicklung der Hochkulturen im Orient. Der Raum des Orients wird u.a. auch als bedeutender Innovationsraum bezeichnet. Erfindungen und Entwicklungen im Bereich der Naturwissenschaften, Mathematik, Medizin und Astronomie begleiten und erleichtern noch heute unser Leben. (Klett Verlag 2012a)

Eines der markantesten Merkmale dieses Raumes liegt im Ursprung der drei Weltreligionen Judentum, Islam und Christentum. Dieses bunte Mosaik prägte den Raum sowohl historisch als auch kulturell und trägt bis heute zu seinem Erscheinungsbild bei. Welchen Einfluss das Aufeinandertreffen verschiedener Völkerschaften und Glaubensrichtungen auf den orientalischen Kulturerdteil und dessen Leitsystem hat, soll im Abschnitt 2.4 genauer beleuchtet werden.

Um den Kulturerdteil Orient genauer bestimmen zu können, müssen wir verschiedene Kriterien heranziehen. Im Zusammenhang mit dem Merkmalskomplex Geschichte und Kultur wurden bereits die Gesichtspunkte Religion und Leitsystem angesprochen. Der orientalische Raum wurde demnach auch durch die mit den Religionen einhergehenden Strukturen und Herrschaftsformen geprägt. Vorliegende Differenzen führen bis heute noch zu andauernden Staatsbildungs- und Nationalbildungsprozessen. Die meisten heutigen Länder, welche dem Orient zuzuordnen sind, entstanden erst nach dem ersten Weltkrieg. Eine deckungsgleiche historische und kulturelle Entwicklung ist aus diesem Grund nicht vorzufinden. Dieses Merkmal führt auch gegenwärtig noch zu Krisen, Kriegen und Konflikten. (Klett Verlag 2012a)

Neben dem markanten Kriterium Religion, sollte unter dem Aspekt Geschichte und Kultur insbesondere die Sprache genauer betrachtet werden. Um dieses Kriterium mit anderen Merkmalskomplexen in Verbindung bringen zu können, muss die Entwicklung und Verbreitung der arabischen Sprache im orientalischen Raum betrachtet werden. Beim Heranziehen der Abb. 2 wird sichtbar, welche Bedeutung der Sprache zugeschrieben wird. Betrachtet man die Abbildung genauer, so ist vor allem die deutliche Verbreitung des Arabischen als alleinige Amtssprache auffallend. Lediglich in südlichen Randgebieten, die unter dem Einfluss des Orients liegen, wird die arabische Sprache neben einer weiteren Amtssprache gesprochen; in vereinzelten Ländern im nordöstlichen Teil des Orients und seinen Ausläufern wird einzig die arabische Schrift verwendet. Obwohl die arabische Sprache flächendeckend gesprochen wird, sind aufgrund der enormen Entfernungen zahlreiche Dialekte vorzufinden. Ein Aspekt, welcher jedoch die vielen Sprachvarietäten verbindet, liegt im Koran und somit zugleich im Islam. Als Sprache des Koran bezeichnet man das klassische Hocharabisch, welches überhaupt erst durch die schriftliche Überlieferung des Korans erfasst werden konnte. Diese Form des Arabischen verbreitete sich vor allem während der islamischen Eroberungen, die das Hocharabisch zur einzigen Verwaltungssprache ernannte und somit die zunehmende Verbreitung dieser Sprache hervorrief. (Klett Verlag 2011)

An dieser Stelle wird noch einmal deutlich, wie unübersehbar die Vernetzungen sowohl zwischen den Merkmalskomplexen an sich als auch auch zwischen den einzelnen Gesichtspunkten innerhalb des jeweiligen Merkmalskomplexes sind.

2.2 Raum und Umwelt

Die Länder des orientalischen Kulturerdteils in Nordafrika und Vorderasien liegen hinsichtlich der klimatischen Betrachtung vornehmlich im Bereich des subtropischen Trockengürtels (Abb. 3). Für dieses Gebiet kennzeichnend sind die deutlichen Temperaturunterschiede zwischen Sommer und Winter. Im Sommerhalbjahr herrscht eine lange Trockenperiode und große Hitze aufgrund des Einflusses des Nordostpassats. Typisch für das Gebiet südlich des Mittelmeeres ist das sogenannte Mittelmeerklima, dessen wichtigstes Kennzeichen die Niederschlagskonzentration im Winterhalbjahr, verursacht durch die Westwinde, ist. Die Jahresniederschläge nehmen zum einen von den Küsten zum Landesinneren und zum anderen von Westen nach Osten hin ab. Aufgrund der klimatischen Gegebenheiten besteht der Naturraum des Orients zu 75% aus Wüsten und Halbwüsten, zu 15% aus Steppen und zu 10% aus Acker- und Gartenland. Daraus resultieren die charakteristischen Großlandschaften der Küstengebiete, Gebirgsräume, Wüsten und großen Stromtäler (Ed. Hoelzel Verlag 2004: 1).

Bezüglich des großmorphologischen Aufbaus gliedert sich der orientalische Kulturerdteil im Norden in die alpidische Faltengebirgsregion und im Süden in die daran angrenzende Tafel- und Schollenlandregion (Nohlen & Nuscheler 1993: 16).

Die Geofaktoren bedingen sich gegenseitig und führen zu zwei zentralen Ausprä-gungen der Vegetation des Orients. Die *mediterrane Vegetation* ist von Sommerruhe und Winterregen charakterisiert. Das Vegetationsbild ist zumeist von Koniferen und trockenliebenden Eichen geprägt, wobei Wälder selten sind. Buschland ist häufiger als Wald anzutreffen, da im Laufe der Geschichte eine massive Entwaldung zugunsten von Ackerland, für den Schiffsbau und zur Gewinnung von Holzkohle stattfand. Daher herrschen auf den nährstoffarmen und felsigen Böden vor allem die Pflanzengesellschaften der Macchie und Garrigue vor. Die *Steppenvegetation*, die im Atlasgebirge und in den Gebirgen und Hochländern der westlichen, zentralen und der Ostsahara vorherrscht, ist sogar noch karger. Hier werden die

Bäume mehr und mehr von Büschen ersetzt. Hauptsächlich existieren Nutzgehölze wie der wilde Olivenbaum, die Terpentin liefernde atlantische Kiefer, der wilde Mandelbaum und die süße Lotuspflaume (Minnich 1992).

Es fällt auf, dass Wasser den limitierenden Faktor im orientalischen Kulturerdteil darstellt. Die signifikante Aridität, die sich aus der naturräumlichen Ausstattung ergibt, hat Auswirkungen auf die Nutzung, die Wirtschaftsweise, die Landwirtschaft und die damit verbundene Bewässerung. Da die größten Teile des Gesamtgebiets des Orients von Wüsten eingenommen werden, spielen künstliche Bewässerung und Oasenkulturen eine wichtige Rolle. Daraus entwickelte sich die Wanderweidewirtschaft mit dem im Orient meist vorherrschenden Halbnomadismus. Ackerbau wird überwiegend in der Oasenwirtschaft oder mit Hilfe der Kanalbewässerung organisiert, wobei die Ackerbauern in Abhängigkeit von den Naturfaktoren sesshaft geworden sind (Fochler-Hauke 1968: 135).

Aus der naturräumlichen Ausstattung ergeben sich für den orientalischen Kulturerdteil Gunsträume an den Küsten und entlang von großen Strömen, die für die Menschen daher von großer Bedeutung sind.

2.3 Menschen und Bevölkerung

Bei der Betrachtung des Aspekts der Menschen und der Bevölkerung im orientalischen Kulturerdteil fällt auf, dass der limitierende Faktor Wasser auch in diesem Bereich wirkt. So ist zu erkennen, dass die Bevölkerung aufgrund der naturräumlichen Ausstattung überwiegend in Gunsträumen lebt, die eine ausreichende Versorgung mit Wasser und Nahrung gewährleisten. Solche Gunsträume sind die bevorzugten Siedlungsräume des Orients: Küstengebiete ohne Wüstenklima, Becken im Gebirge mit relativ guter Wasserversorgung, Längstäler der Gebirge, Gebirge mit höheren Niederschlägen als im ariden Umland sowie Fluss- und Grundwasseroasen (Ed. Hoelzel Verlag 2004: 1).

Im Orient leben bei einem Bevölkerungswachstum von 2,4 Prozent fast 400 Millionen Menschen. Das Bevölkerungswachstum der Europäischen Union liegt im Vergleich dazu nur bei 0,45%, in Deutschland gar bei 0,13%. Alle Staaten des Orients haben eine hohe Geburten- und eine niedrige Sterbeziffer, was das Wachstum der Bevölkerung begründet. Charakteristisch für den Kulturerdteil ist eine junge Bevölkerung, da in vielen Staaten mehr als die Hälfte der Einwohner unter 30 Jahre alt ist. Daraus resultieren für den Staat die grundsätzlichen Herausforderungen der Anpassung der öffentlichen Infrastruktur an die wachsende Bevölkerung und die Finanzierung weiterer Kindergärten, Schulen und

Universitäten. Da jedoch der Anteil Nicht-Erwerbsfähiger an der Gesamtbevölkerung so hoch ist, fehlen massiv Steuereinnahmen für eben diesen Ausbau der öffentlichen Infrastruktur. Zudem verschärft die hohe Jungendarbeitslosigkeit das Finanzierungsproblem der Staaten weiten, denen zusätzliche Einnahmen aus Ölexporten fehlen. (Lucas 2012: 46)

Die Wüsten und Halbwüsten sind bis auf wenige Ausnahmen fast menschenleer. Dabei kommt es häufig zu Konflikten, da Sesshafte (Stadt- und Oasenbewohner) und Nichtsesshafte (Nomaden, Beduinen) nebeneinander leben und der Kampf um Wasser über das Überleben entscheidet. Im gesamten nordafrikanisch-vorderasiatischen Raum werden die Menschen mit den Problemen des Wassermangels und zunehmender Wasserknappheit konfrontiert (Klett Verlag 2012c). Wie das vorherige Kapitel bereits erläuterte, gehört der Raum des orientalischen Kulturerdteils zum altweltlichen Trockengürtel mit vorwiegend semiariden bis ariden Klimabedingungen. Aufgrund der klimatischen Bedingungen ist Wasser im Orient also wichtiger als andere Rohstoffe. Die Möglichkeiten der Gewinnung und Nutzung von Wasser innerhalb des Trockengürtels sind ungleich verteilt. Sie sind neben der naturräumlichen Ausstattung der einzelnen Regionen außerdem von der Finanzkraft, der militärischen Stärke und vom politischen Gewicht abhängig. Zusätzlich verstärkend wirkt sich ebenfalls das bereits beschriebene starke Wachstum der Bevölkerung aus.

Schwindende Ressourcen bilden die Grundlage für ein gravierendes Konfliktpotential. Deswegen werden zunehmend bewaffnete Auseinandersetzungen um den Zugang zu Trinkwasser wahrscheinlicher und sind teilweise sogar schon Realität. Vor allem innerstaatliche Konflikte um das Wasser werden zunehmen. In einigen afrikanischen Staaten werden schon jetzt Konflikte um Weideflächen und Wasserstellen immer häufiger gewaltsam ausgetragen. Zudem kommt es vermehrt zu Unruhen in der Bevölkerung, wenn Wasserpreise angehoben werden und sich so ärmere Gesellschaftsschichten das kostbare, aber notwendige Gut Wasser nicht mehr leisten können. Es herrscht eine Diskrepanz zwischen den reicheren Ölstaaten wie Saudi-Arabien, der Emirate am Persisch-Arabischen Golf sowie Libyen und auf der anderen Seite den ärmeren Regionen. Denn im Gegensatz zu den Regionen, in denen Wasser knapp ist und rationiert werden muss, können es sich die Ölstaaten leisten, fossile Grundwasservorräte auszubeuten, Meerwasser kostspielig zu entsalzen, Weizenfelder in der Wüsten zu bewässern und luxuriöse Bäderlandschaften und Hotelanlagen zu bauen. Diese aufwändigen Projekte stehen dem Wassermangel gegenüber, sodass es häufig zu Konflikten zwischen Nachbarstaaten kommt. Libyen hat beispielsweise mit dem Bewässerungsprojekt „Großer künstlicher Fluss", das aus Grundwasservorräten gespeist wird, Konflikte mit den Ägyptern provoziert, da diese fürchteten, dass ihren Oasen dadurch das Wasser entzogen würde. (Klett Verlag 2012c)

Gefährlich wird es insbesondere dann, wenn zum Streit um das Wasser noch ungelöste ethnische, territoriale oder religiöse Konflikte hinzukommen wie bei den Auseinandersetzungen zwischen Israel, den Palästinensern und den arabischen Nachbarstaaten.

Da sich die Gunsträume für die Besiedlung des orientalischen Kulturerdteils vor allem an den Küsten und großen Flüssen befinden, sind die meisten größeren Städte ebenfalls in einem schmalen Küstenstreifen am Mittelmeer und am Persischen Golf zu finden. Seit den 1950er Jahren hat sich das Wachstum der Städte im Orient rapide beschleunigt. Kairo hatte zu dem Zeitpunkt ca. vier Millionen Einwohner. Bis heute ist die Metropolregion auf etwa 16 Millionen Bewohner herangewachsen und ist somit die größte Stadt des orientalischen Kulturerdteils. Ein Grund hierfür ist neben der generell hohen Geburtenrate auch die zunehmende Urbanisierung (Lucas 2012: 49).

Städte mit der typischen Struktur und den Merkmalen des orientalischen Städtemodells (Abb. 4) sind in Vorderasien bis Nordafrika zu finden. Die islamisch-orientalische Stadt besitzt eigene bauliche und funktional-räumliche Differenzierungen und verfügt über lokale und überlokale Bedeutung (Nohlen & Nuscheler 1993: 28). Charakteristische bauliche Merkmale sind beispielsweise der Sackgassengrundriss der Stadtquartiere, Gebäude im Innenhofhaustyp, die Moschee als religiöses Zentrum, der Basar als wirtschaftliches Zentrum und die alles umschließende Stadtmauer (Klett Verlag 2012b).

Es fällt auf, dass sich das Bild der traditionellen orientalischen Stadt jedoch in den letzten 200 Jahren massiv verändert hat. Der Einfluss der westlichen Kultur auf alle gesellschaftlichen Bereiche und das starke Städtewachstum haben zu einer Zweipoligkeit in der heutigen Struktur der orientalischen Städte geführt. Es existiert ein Gegensatz zwischen dem erhaltenen historischen Stadtkern und neuartigen, modernen Vierteln. Städtebaulich ist dieses Aufeinandertreffen von Gebäuden im orientalischen Stil (Lehm als Baumaterial) und funktionalen Betonbauten beobachtbar. Diese Modernisierungen haben zur Folge, dass sowohl die traditionellen orientalischen Stadtstrukturen, als auch die existierenden Lebensformen zunehmend überprägt oder sogar komplett zerstört werden. (Klett Verlag 2012b)

2.4   Leitsystem und Religion

Der orientalische Kulturerdteil ist signifikant durch das Nebeneinander unterschiedlicher Völkerschaften, Religionen und Glaubensrichtungen geprägt. Kaum eine andere Region ist ethnisch und religiös so vielfältig differenziert. Nicht selten wird der Orient darum auch als „Mosaik unterschiedlicher religiöser und kultureller Lebensformen" (Rosiny 2012: 8) bezeichnet.

Das Nebeneinander von Arabern, Türken, Persern, Kurden und Israelis gehört dabei zu den beherrschenden Merkmalen des Raumes (Klett Verlag 2012a). In sich sind viele dieser Völkerschaften zudem in einzelne selbstständige Stämme untergliedert. Obwohl diese zum Teil die Religion des Islam angenommen haben oder der türkischen oder arabischen Herrschaft unterlegen sind, so besitzen sie einen eigenen territorialen Anspruch, versuchen ihre Sprache und ihre eigenständige Kultur aufrechtzuerhalten und sich gegenüber anderen Völkerschaften abzugrenzen (Nohlen & Nuscheler 1993: 27). Darin verbirgt sich ein nicht geringes Konfliktpotential. Nicht selten kommt es zu inner- und zwischenstaatlichen Auseinandersetzungen um Minderheitenrechte und die Selbstbestimmung einzelner Bevölkerungsgruppen (Nohlen & Nuscheler 1993: 28).

Zu dieser ethnischen Vielfalt kommt im orientalischen Kulturerdteil zudem eine religiöse Mannigfaltigkeit. Die drei monotheistischen Religionen Judentum, Christentum und Islam entstanden alle im Gebiet des heutigen Nahen Ostens und sind bis in die Gegenwart unter anderem in Form von Konfessionen, Rechtsschulen, Kirchengemeinschaften und Sekten anzutreffen (Rosiny 2012: 8).

Trotz dieser religiösen Vielfalt ist der orientalische Kulturerdteil eine weitgehend islamisch geprägte Region. Von den ca. 850 Millionen Moslems der Erde leben allein ein Viertel in den Ländern Türkei, Iran, Ägypten, Algerien, Marokko und Irak, der durchschnittliche muslimische Bevölkerungsanteil beträgt dabei jeweils mehr als 70 % (Klett 2012a). In den meisten Staaten, die zum orientalischen Kulturerdteil gezählt werden können, bildet der Islam die normative Ordnung. Als Steuerungsinstrument sowohl des privaten als auch des öffentlichen Lebens ist er somit ein zentrales Strukturelement dieses Kulturerdteils und grenzt diesen signifikant von angrenzenden Kulturerdteilen ab. Religion und Kultur üben im Nahen Osten und den Ländern Nordafrikas noch einen viel größeren Einfluss auf das tägliche Leben der Menschen aus, als beispielsweise in Europa. Trotz zunehmender Offenheit in vielen Bereichen orientieren sich viele Muslime nicht nur in religiösen, sondern auch in politischen und sozialen Fragen nach wie vor an den Vorbildern aus der islamischen Geschichte und Tradition (Rosiny 2012: 15). Die 5 Säulen des Islam (Glaubensbekenntnis, Gebet, Almosen geben, Fasten, Pilgerreise nach Mekka) (Rosiny 2012: 15) bilden dabei den zentralen Kern des Lebens streng gläubiger Muslime und spiegeln sich sowohl im privaten als auch im öffentlichen Leben wieder. Der Koran stellt in vielen Staaten die Grundlage für das Familien-, Erb-, Straf- und Wirtschaftsrecht dar, bestimmt die zentralen Linien in Erziehung und Bildung sowie die Normen, Sitten und Gebräuche der Gesellschaft (Klett Verlag 2012a).

In vielen Regionen des Nahen Ostens und Nordafrikas dominiert noch eine streng patriarchalische Gesellschaftsstruktur. Viele Staaten im Nahen Osten und Nordafrika werden oder wurden lange Zeit von autokratischen Regimen geführt, in denen die Möglichkeiten politischer Mitwirkung, die Gewährleistung von Freiheitsrechten und die Transparenz staatlicher Entscheidungen insgesamt gering sind (Bundesministerium für wirtschaftliche Zusammenarbeit und Entwicklung 2013). Despotische Herrschaftsformen stellen die traditionelle Staatsform des Orients dar und führen zusammen mit der tief verwurzelten Wirtschaftsweise des Rentenkapitalismus zu einer charakteristischen Gesellschaftsstruktur des Kulturerdteils mit starken sozialen Unterschieden (Abb. 5). Die Angehörigen der reichen Oberschicht leben vorwiegend in Städten, sind meist Großgrundbesitzer oder Militärs und genießen einen außerordentlich guten Lebensstandard. Während Beamte, Handwerker, Händler noch über teilweise recht gute Lebensbedingungen verfügen, stehen vor allem der einfachen Landbevölkerung und den zahlreichen Gelegenheitsarbeitern nur sehr geringe Geldmittel für einen bescheidenen Lebensstandard zur Verfügung. Politisch weitestgehend rechtlos, durch strenge Pachtverträge von den Großgrundbesitzern ausgebeutet und meist verschuldet – so stellt sich vielerorts immer noch das Leben der nichtprivilegierten Gesellschaftsmitglieder dar (Fochler-Hauke 1968: 131)

Angeleitet von den normativen Vorgaben des Islam herrscht zudem vielerorts immer noch eine patriarchalische Familienordnung, in der Frauen und Kinder den Männern uneingeschränkt gehorchen müssen (Rosiny 2012: 15). Darüber hinaus benachteiligt die patriarchalische Gesellschaftsstruktur trotz zunehmender Modernisierung Frauen weiterhin in sozialer, wirtschaftlicher und politischer Hinsicht (Bundesministerium für wirtschaftliche Zusammenarbeit und Entwicklung 2013).

2.5 Wirtschaft und Infrastruktur

Die Wirtschaftsstruktur der meisten orientalischen Volkswirtschaften wird entweder vom Erdöl oder vom Tourismus getragen, Landwirtschaft und verarbeitende Industrie tragen hingegen nur wenig zum Bruttoinlandsprodukt bei und auch die Privatwirtschaft ist in den meisten Ländern nur gering entwickelt (Abb. 6) (Bundesministerium für wirtschaftliche Zusammenarbeit und Entwicklung 2013).

Trotzdem gehören Nordafrika und der Nahe Osten zu den Regionen der Erde, in denen die Landwirtschaft noch einen großen Teil der Beschäftigungsbasis ausmacht. In vielen Staaten arbeitet noch mehr als die Hälfte der Bevölkerung in der Landwirtschaft, obwohl diese einen sehr geringen Teil des Bruttoinlands- und Sozialprodukts ausmacht (Fochler- Hauke 1968: 135). Da der orientalische Kulturerdteil überwiegend im subtropischen Trockengürtel liegt, ist die Landwirtschaft entscheidend vom Faktor Wasserknappheit geprägt. Weite Teile des Raums sind von Wüsten und Halbwüsten bedeckt, die Landwirtschaft in Form von Regenfeldbau unmöglich machen. Ausreichende Feuchtigkeit für den Ackerbau auf der Basis von Niederschlägen ist nur in den nördlichen Randgebieten des Atlasgebirges sowie im anatolischen und iranischen Hochland möglich (Fochler-Hauke 1968:135). In den übrigen Gebieten spielt auf Grund der halb- bis ganzjährigen Aridität Bewässerungs- und Oasenfeldbau eine große Rolle. Wichtigste landwirtschaftliche Produkte sind vor allem Zitrusfrüchte, Granatäpfel, Feigen, Datteln und Oliven sowie Getreide und zahlreiche Gemüsearten (Klett Verlag 2012a).

Die Viehhaltung beschränkt sich vor allem auf die Weidegebiete der Steppen und Halbwüsten. Wie beim Ackerbau stellt auch hier die Aridität des Raums einen limitierenden Faktor dar, an den sich der Mensch jedoch über Jahrhunderte hinweg angepasst hat. Verbreitet ist hier noch eine extensive nomadische oder halbnomadische Viehzucht, obwohl der Anteil der Vollnomaden im gesamten Orient mittlerweile überall zurückgeht (Ed. Hoelzel Verlag 2013: 4).

Im Gegensatz zur Landwirtschaft nimmt die Industrie in vielen Ländern des orientalischen Kulturerdteils eine tragende Rolle ein. Dies bezieht sich vor allem auf jene Länder, die über entsprechende Rohstoffvorkommen, vor allem über Erdöl- und Erdgasreserven verfügen. Charakteristisch ist hierbei die Diskrepanz zwischen den Förderländern und den Staaten, die über keine Öl- oder Gasvorkommen verfügen. Die Petrolindustrie hat die Förderländer in ihrer Entwicklung vorangetrieben, zu großem regionalem Reichtum geführt und die übrigen Staaten in ihrer wirtschaftlichen Entwicklung weit zurückgelassen, was eine vermehrte Arbeitsmigration in die Förderstaaten bedingt (Nohlen & Nuscheler 1993: 47). Aber auch in den Erdölstaaten selbst hat die gut entwickelte Petrolindustrie nicht auf die gesamte Wirtschaft ausgestrahlt. Das Problem bildet hier die einseitige Konzentration auf den Petrolsektor und die fehlende Reinvestition der Gewinne aus der Erdölindustrie in andere Wirtschaftszweige. Um eine Weiterentwicklung der Wirtschaft zu ermöglichen und eine stabilere wirtschaftliche Gesamtbasis zu schaffen, ist es unumgänglich, die Gewinne aus dem Ölsektor in Zukunft verstärkt für die Entwicklung anderer Wirtschaftszweige einzusetzen (Fochler-Hauke 1968: 142).

In einigen Staaten des orientalischen Kulturerdteils gewinnt der Dienstleistungssektor zunehmend an Bedeutung. Dies betrifft vor allem jene Länder, in denen der Tourismus eine wirtschaftstragende Rolle einnimmt, wie die Türkei, Tunesien, Marokko und Ägypten. Seit den 1990er Jahren hat sich auf Grund der geographischen Lage und der klimatischen Bedingungen der Tourismus als konkurrenzfähige und ständig wachsende Branche etabliert (Richter 2012: 42). Ähnlich wie in Bezug auf die Erdölindustrie besteht jedoch auch hier das Problem der einseitigen Konzentration auf diesen Wirtschaftszweig. Auf Grund der fehlenden Verzahnung mit der einheimischen Volkswirtschaft, die in der Mehrheit nur billige Arbeitskräfte, einfache Baustoffe oder Güter des täglichen Bedarfs herstellt, hat der Tourismus bisher nur geringe Impulse in anderen Bereichen der Wirtschaft ausgelöst (Richter 2012: 43).

Überspannt werden Struktur und Entwicklung der Wirtschaft, die in den einzelnen Regionen des Kulturerdteils durchaus unterschiedlich ausgeprägt sein können, von einer charakteristischen Wirtschaftsweise: dem Rentenkapitalismus. Hakami und Steffelbauer benennen diesen als wesentliches Bestimmungselement des orientalischen Kulturerdteils:

„Die Länder des Orients sind heute rentenkapitalistisch geprägte Entwicklungsländer alter Kulturtradition." (2006: 19) Schon vor Jahrhunderten von der Oberschicht entwickelt, stellt der Rentenkapitalismus auch heute noch die spezifische Wirtschaftsweise der Länder Nordafrikas und des Nahen Ostens dar und prägt in entscheidender Weise alle drei Wirtschaftssektoren sowie das gesamte orientalische Gesellschaftssystem. Er ist dadurch gekennzeichnet, dass auf den Produktionsfaktoren Rentenmittel ruhen, die dem Eigentümer einen festen Anteil an den Gewinnen und Erträgen garantieren (Nohlen & Nuscheler 1993: 22). Bauern und Arbeiter leben in strengen Abhängigkeits- und Pachtverhältnissen und geben den Großteil der Erträge (40-60%) an die Großgrundbesitzer ab, wodurch ihnen selbst nur sehr geringe Geldmittel für einen sehr bescheidenen Lebensstandard bleiben (Ed. Hoelzel Verlag 2013: 2). Abgesehen von der Ausbeutung der Arbeiter und der damit im Zusammenhang stehenden sozialen Ungleichheit besteht die Problematik dieser Wirtschaftsweise in der fehlenden Reinvestition des erwirtschafteten Kapitals. Anstatt die Gewinne wieder in den Wirtschaftskreislauf einzubringen und Investitionen zu tätigen, zielen die Kapitalbesitzer auf kurzfristig zu erreichende, hohe Gewinne ab, um diese für den Import von Luxusgütern oder den Neuerwerb von Grundbesitz einzusetzen (Ed. Hoelzel Verlag 2013: 2). Es handelt sich hierbei also um ein Wirtschaftsverhalten, welches auf die bloße Gewinn- und Ertragsabschöpfung ausgerichtet ist. Auf Grund der fehlenden Investitionen bewirkt das System keinen Fortschritt und kann somit als eine entscheidende Ursache für die (wirtschaftliche) Entwicklungsblockade des orientalischen Kulturerdteils angeführt werden.

3. Verknüpfung der Merkmalskomplexe

Widmet man sich nun noch einmal den einzelnen Merkmalskomplexen als zusammenhängendes und sich bedingendes Gefüge, so werden verschiedene Verbindungen besonders deutlich. Im Abschnitt 2 wurde bereits versucht die einzelnen Merkmalskomplexe detailliert aufzuschlüsseln, wodurch schon einzelne Brücken zwischen den Hauptkriterien geschlagen werden mussten. Diese Informationen sollen nun herangezogen werden und als Grundlage für die Erfassung der Zusammenhänge dienen. Aus diesem Grund gilt es nun vor allem diese angekündigten Verflechtungen darzustellen, wobei wir uns der markantesten Verknüpfung, der *Orientalischen Trilogie*, widmen werden.

Die *Orientalische Trilogie* (Schmidt 2013) stellt insbesondere die Bezüge der Merkmalskomplexe Natur, Wirtschaft und Stadt(-entwicklung) zueinander dar. Beginnend beim Faktor Natur, müssen vor allem die klimatischen Bedingungen, und die damit verbundene Aridität und den Wasserhaushalt, herangezogen werden. Aufgrund der starken Temperaturunterschiede zwischen Sommer und Winter, einer deutlichen Niederschlags-konzentration im Winterhalbjahr sowie den oft monatelangen Trocken- und Dürreperioden, kommt es zur überwiegenden Herausbildung von Wüsten und Halbwüsten, welche den orientalischen Raum kennzeichnen. Blicken wir nun auf die vorzufindenden Vegetationsformen und die klimatischen Gegebenheiten des subtropischen Trockengürtels, fällt auf, dass sich eine wirtschaftliche Nutzung als durchaus schwierig gestalten kann. Dies meint vor allem die landwirtschaftliche Nutzung. Um diesen Aspekt jedoch genauer untersuchen zu können, ist es notwendig den Faktor Landwirtschaft zunächst in Vieh- und Ackerwirtschaft zu unterteilen. Betrachtet man zuerst die Viehwirtschaft, wird deutlich, dass diese vor allem durch die entscheidende Wirtschaftsweise der Wanderweidewirtschaft geprägt ist. Hinter diesem Begriff verbirgt sich eine mobile Wirtschaftsform, welche für diesen Raum typisch ist. Die Bevölkerung des Orients stützt/e ihre Wirtschaft überwiegend auf die Viehwirtschaft und war bzw. ist aufgrund der naturräumlichen Ausstattung gezwungen, mit ihrem Viehbestand regelmäßig neue Weidemöglichkeiten aufzusuchen. An dieser Stelle lässt sich die Lebensweise der orientalischen Bevölkerung, der Nomadismus, mit der mobilen Viehwirtschaft verknüpfen. Gegenwärtig ist allerdings der Halbnomadismus stärker ausgeprägt als die Vollform. Diese Zwischenform (zwischen Nomadismus und Sesshaftigkeit) spiegelt sich in einer nomadischen (mobilen) Viehzucht und dem sesshaften Feldbau wider. Die beschriebene Kopplung der Wirtschaftsweise (Wanderweidewirtschaft) und der Lebensweise (Nomadismus) ist demzufolge nicht getrennt voneinander zu betrachten. Des

Weiteren muss unter dem Aspekt der Wirtschaft auch der Ackerbau, der dort ansässigen Bevölkerung, genannt werden, denn dieser wurde im Besonderen durch die Oasenwirtschaft geformt. Diese intensive Wirtschaftsform ist für den orientalischen Raum bezeichnend, hat jedoch im Verlauf der Jahre an Bedeutung verloren. Im Bereich der Oasen (z.B. Flusswasseroasen, Quellwasseroasen, Grundwasseroasen) war bzw. ist eine intensive ackerbauliche Nutzung möglich und führte in diesem Gebiet bereits frühzeitig zur ersten Sesshaftigkeit. In Folge des Sesshaftseins bildeten sich zunächst Oasenstädte, welche sich im Verlauf der Zeit zu wachsenden Städten und Zentren herausbildeten. Es kann demnach behauptet werden, dass sowohl die natürliche Beschaffenheit des Gebietes als auch die kulturellen Hintergründe (bedingt durch (land-)wirtschaftliche und religiöse Entwicklung) die orientalische Stadt in ihrer Struktur und Entwicklung bedeutend prägten. In diesem Zusammenhang muss erwähnt werden, dass das rapide Städtewachstum erst seit der 1950er-Jahren zu verzeichnen ist. Schon frühzeitig bildeten, aufgrund des Wasservorkommens, küsten- und stromnahe Gebiete die Gunsträume dieses Kulturerdteils. Städte, wie zum Beispiel Kairo, sind in der heutigen Zeit sowohl Zentren der Politik und Macht als auch Schauplätze bzw. Austragungsorte von Konflikten, die sich durch die zunehmende Expansion und das Aufeinandertreffen verschiedener politischer, religiöser und kultureller Gruppen herausbilden können. Dementsprechend werden die Zusammenhänge zwischen den Faktoren Natur, Wirtschaft und Stadt(-entwicklung) durch den Begriff *Orientalische Trilogie* betont und bilden einen definierenden Komplex an Merkmalen. Weitere Brücken (zum Beispiel die Verbreitung der arabischen Sprache in Verbindung mit der Religion) zwischen den Merkmalsbereichen wurden bereits innerhalb der einzelnen Komplexe im Abschnitt 2 angesprochen. Abschließend sollte noch einmal hervorgehoben werden, dass es nicht die einzelnen Merkmalskomplexe an sich sind, die den Orient beschreiben und abgrenzen, sondern das Bündnis und die Verflechtungen dieser. Kennzeichnend für den orientalischen Kulturerdteil sind demnach zahlreiche Abgrenzungskriterien, wobei die markante Diversität des Orients als ein eigenständiges Merkmal betrachtet werden kann.

4.   Fazit

Betrachten wir nun noch einmal überblickend den Kulturerdteil Orient sowie seine Merkmalskomplexe und die daraus resultierenden Strukturen, so wird zweifellos deutlich, dass es sich hierbei um einen Raum handelt, welcher u.a. durch Diversität und Komplexität gekennzeichnet ist. Die Vielfalt an Religionen und Völkern sowie die umfassenden z.t. noch andauernden Entwicklungs- und Staatenbildungsprozesse, können exemplarisch herangezogen werden, um die Schwierigkeit einer klaren Definition und die damit einhergehende Abgrenzung darzustellen. Während einzelne Merkmale nicht flächendeckend für den gesamten orientalischen Kulturerdteil gelten bzw. keine Einheitlichkeit erkennbar ist, ermöglichen weitere Kriterien, insbesondere die Verwendung der arabischen Sprache und die damit zusammenhängende Verbreitung der Lehre des Korans, das Wahrnehmen eines homogenen Gefüges. Genau dieser Zwiespalt zwischen Einheitlichkeit und Diversität zeichnet den Orient aus, erschwert jedoch auch eine klare Definition und vor allem einheitliche Abgrenzung. Bei einer Erfassung der Grenzverläufe der einzelnen Merkmalskomplexe bzw. Unterpunkte dieser, fällt auf, dass sich diese nicht identisch überlappen sondern je nach Kriterium andere Formen und Ausmaße annehmen. Aus diesem Grund erscheint das Heranziehen und die Zuordnung des Begriffes „Grenzräume" durch Newig als sinnvoll. Diese Grenzbereiche, demzufolge auch die Grenzen an sich, sind stets Veränderungen unterlegen und zeugen von einem hohen Maß an Dynamik und sollten deshalb nicht als starre Gebilde gedeutet werden. Innerhalb unserer Diskussion im Anschluss an das Referat, haben die Seminarteilnehmer einstimmig darauf hingewiesen, dass diese Dynamik zum einen auf die andauernden Entwicklungsprozesse und Konflikte im Orient zurückzuführen ist, zum anderen allerdings auch weltweit durch die zunehmende Globalisierung bedingt wird. Deshalb entschieden sich unsere Kommilitonen gemeinsam für die Behauptung, dass der Stellenwert solcher Grenzräume in Zukunft maßgeblich an Bedeutung gewinnen wird und eine Vereinheitlichung von Räumen im Rahmen von Abgrenzungstheorien (z.B. Kulturerdteiltheorie) eventuell nicht mehr möglich sein wird. Diese These stellt demnach die Aussagekraft der Kulturerdteiltheorie nach Kolb, welche ebenso diskutiert wurde, in Frage. Auch in diesem Punkt waren sich die Kommilitonen einig und behaupteten, dass die Einteilung nach Kulturerdteilen für Überblicke und Gliederungszwecke sehr geeignet ist, vor allem im Geographieunterricht, allerdings dem heutigen Stand der Globalisierung nicht mehr gerecht wird. Außerdem sind die Seminarteilnehmer übereingekommen, dass der Unterrichtseinsatz solcher Konzepte genutzt werden kann um den Schülerinnen und Schülern nahezulegen, sich mit derartigen Modellen und deren Absichten auseinander zu setzen sowie zu hinterfragen und Kritik bzw. Schwächen herauszustellen.

Abschließend und zusammenfassend lässt sich sagen, dass sich der orientalische Kulturerdteil vor allem über seine Diversität definiert, welche es zugleich erschwert diesen eindeutig abzugrenzen. Der Orient als exemplarisches Beispiel der Kulturerdteiltheorie führt die Einteilung nach Kolb an ihre Grenzen und verdeutlicht Schwächen, welche sich in der heutigen Zeit durch fortschreitende Globalisierung verstärken.

5. Quellen- und Literaturverzeichnis

Bundesministerium für wirtschaftliche Zusammenarbeit und Entwicklung (2013): Naher Osten und Nordafrika. Brücken bauen zwischen Europa und der arabischen Welt. In: http://www.bmz.de/de/was_wir_machen/laender_regionen/naher_osten_nordafrika/, Datum des Abrufs: 05.11.2013.

Ed. Hoelzel Verlag (Hrsg.) (2004): Zusatzkapitel: Der Kulturerdteil Orient. In: http://www.hoelzel.at/_verlag/rgw/pdf/orient.pdf, Datum des Abrufs: 05.11.2013.

Fochler-Hauke, G. (1968): Das politische Erdbild der Gegenwart. Völker und Staaten der »Dritten Welt«. Safari-Verlag, Berlin: 408 S.

Hakami, K.; Steffelbauer, I.(Hrsg.) (2006): Vom Alten Orient zum Nahen Osten. Magnus, Essen: 271 S.

Klett Verlag (Hrsg.) (2011): Den Orient im Blick. In: http://www2.klett.de/sixcms/media.php/229/beitrag_4a.pdf, Datum des Abrufs: 10.11.2013.

Klett Verlag (Hrsg.) (2012a): Infoblatt der Orientalische Kulturerdteil. In: http://www2.klett.de/sixcms/list.php?page=geo_infothek&article=Infoblatt+Der+orien talische+Kulturerdteil&node=Kulturerdteile, Datum des Abrufs: 05.11.2013.

Klett Verlag (Hrsg.) (2012b): Infoblatt die orientalische Stadt. In: http://www2.klett.de/sixcms/list.php?page=infothek_artikel&extra=TERRA-Online%20/%20Realschule&artikel_id=86015&inhalt=klett71prod_1.c.180545.de, Datum des Abrufs: 07.11.2013.

Klett Verlag (Hrsg.) (2012c): Infoblatt Mangelware Wasser. In: http://www2.klett.de/sixcms/list.php?page=infothek_artikel&extra=TERRA-Online%20/%20Realschule&artikel_id=108915&inhalt=klett71prod_1.c.180545.de, Datum des Abrufs: 07.11.2013.

Lichtenberger, E. (1998): Stadtgeographie 1. Begriffe, Konzepte, Modelle, Prozesse. – 3. neubearbeitete und erweiterte Auflage, Teubner, Stuttgart: 366 S.

Lucas, V. (2012): Gesellschaftliche Herausforderungen. - Informationen zur politischen Bildung 317 „Naher Osten – Nachbarregionen im Wandel": S. 46 – 53.

Minnich, M. (1992): Hartlaubgehölze und ihre Anpassungen an mediterrane Standorte. In: http://www.amleto.de/kreta/exkursi/referat12.htm, Datum des Abrufs: 07.11.2013.

Nohlen, D.; Nuscheler, F. (Hrsg.) (1993): Handbuch der Dritten Welt. Nordafrika und Naher Osten. – 3. völlig neu bearbeitete Auflage, J.H.W. Dietz Nachf., Bonn: 573 S.

Richter, T. (2012): Entwicklung und Struktur der Wirtschaft. - Informationen zur politischen Bildung 317 „Naher Osten – Nachbarregionen im Wandel": S. 38 – 45.

Rosiny, S. (2012): Kulturen und Religionen. - Informationen zur politischen Bildung 317 „Naher Osten – Nachbarregionen im Wandel": S. 8 – 19.

Schmidt, Dr. Olaf (2013): Institut für Geographie, Technische Universität Dresden, mündliche Mitteilung im Seminar Globale Entwicklungsprobleme in regionaler Differenzierung (13.11.2013).

6.   Abbildungsverzeichnis

Abbildung 1: Sumerische Keilschrift

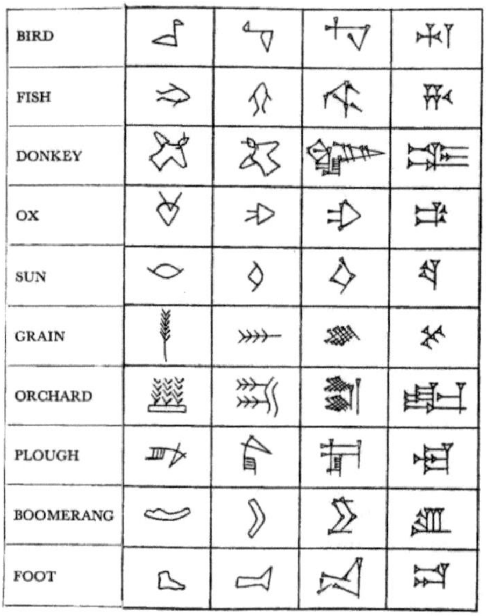

BIRD				
FISH				
DONKEY				
OX				
SUN				
GRAIN				
ORCHARD				
PLOUGH				
BOOMERANG				
FOOT				

FIG. 31.—PICTORIAL ORIGIN OF TEN CUNEIFORM SIGNS
Oriental Institute Photo No. 27875 (after A. Poebel)

Quelle: https://www.uni-due.de/~gev020/images/writing-pictorial.jpg

Abbildung 2: Verbreitung der Arabische Sprache

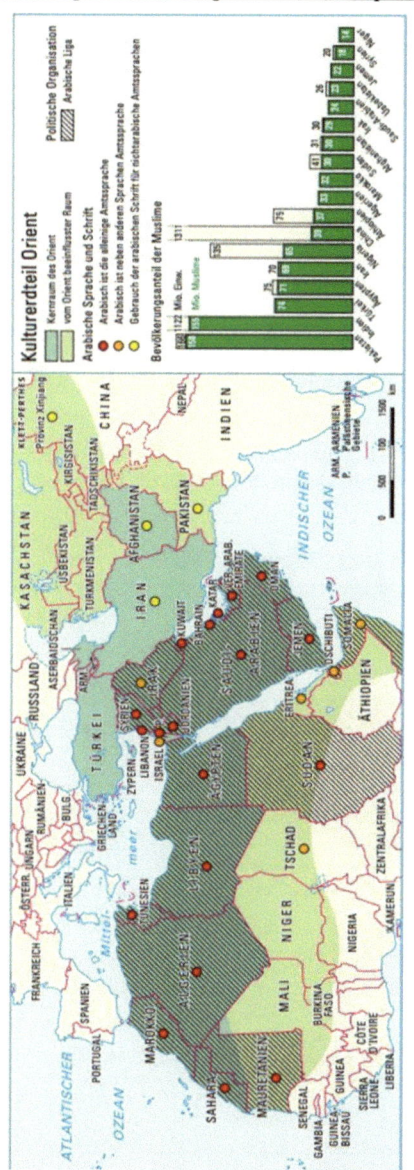

Quelle: *Klett Verlag* (Hrsg.) (2011): Den Orient im Blick. In:
http://www2.klett.de/sixcms/media.php/229/beitrag_4a.pdf, Datum des Abrufs: 10.11.2013.

Abbildung 3: Der Trockengürtel der „Alten Welt"

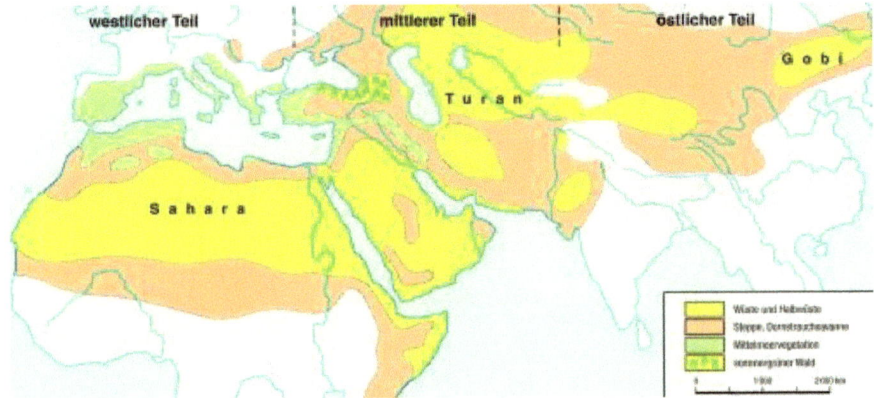

Quelle: *Ed. Hoelzel Verlag* (Hrsg.) (2004): Zusatzkapitel: Der Kulturerdteil Orient. In: http://www.hoelzel.at/_verlag/rgw/pdf/orient.pdf, Datum des Abrufs: 05.11.2013, S. 1.

Abbildung 4: Aufbau, Struktur und Funktion der orientalischen Stadt

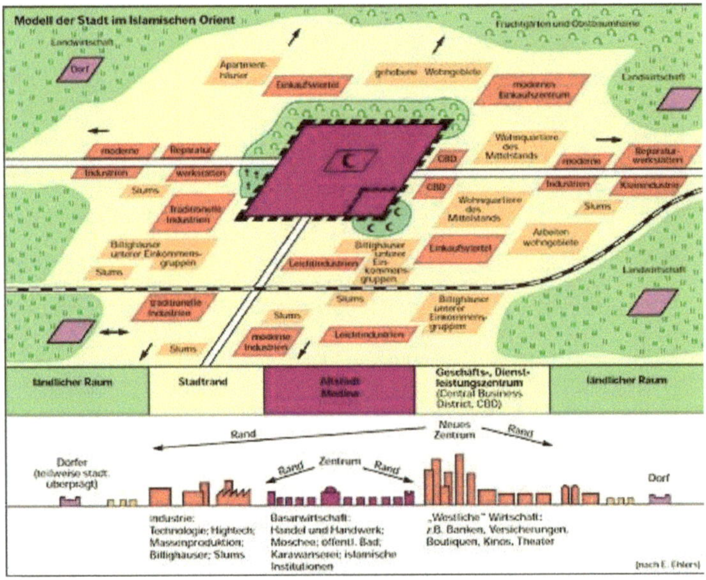

Quelle: *Klett Verlag* (Hrsg.) (2012b): Infoblatt die orientalische Stadt. In: http://www2.klett.de/sixcms/list.php?page=infothek_artikel&extra=TERRA-Online%20/%20Realschule&artikel_id=86015&inhalt=klett71prod_1.c.180545.de, Datum des Abrufs: 07.11.2013.

Abbildung 5: Aufbau der orientalischen Gesellschaft

Quelle: Eigener Entwurf nach: *Ed. Hoelzel Verlag* (Hrsg.) (2004): Zusatzkapitel: Der Kulturerdteil Orient. In: http://www.hoelzel.at/_verlag/rgw/pdf/orient.pdf, Datum des Abrufs: 05.11.2013.

Abbildung 6: Nordafrika und Naher Osten – Bruttoinlandsprodukt

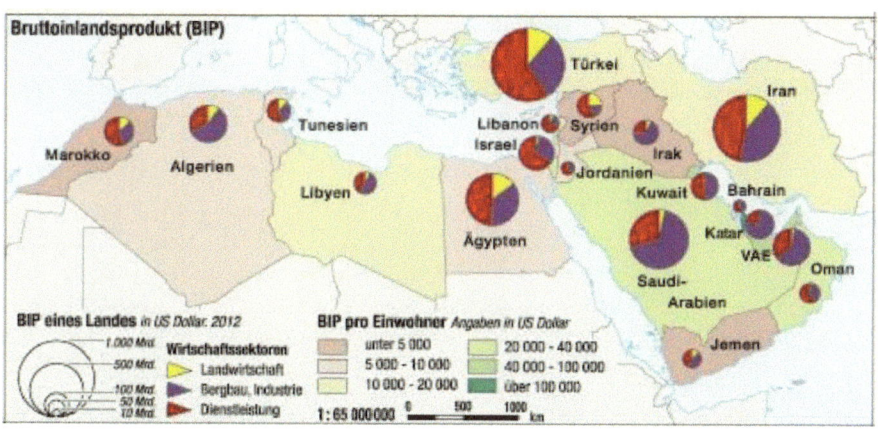

Quelle: *Informationen zur politischen Bildung* (2012): Naher Osten – Nachbarregionen im Wandel. Bundeszentrale für politische Bildung: Bonn, S. 43.